河蟹生态养殖

——从新手到行家

林 海◎主编

中国农业出版社
农村读物出版社
北 京

图书在版编目（CIP）数据

图说河蟹生态养殖：从新手到行家 / 林海主编. —
北京：中国农业出版社，2023.2
ISBN 978-7-109-30608-0

Ⅰ.①图… Ⅱ.①林… Ⅲ.①养蟹—淡水养殖—图集
Ⅳ.①S966.16-64

中国国家版本馆CIP数据核字（2023）第063100号

中国农业出版社出版
地址：北京市朝阳区麦子店街18号楼
邮编：100125
责任编辑：王金环　　文字编辑：耿韶磊
版式设计：小荷博睿　　责任校对：吴丽婷
印刷：北京通州皇家印刷厂
版次：2023年2月第1版
印次：2023年2月北京第1次印刷
发行：新华书店北京发行所
开本：880mm×1230mm　1/32
印张：3.5
字数：75千字
定价：38.00元

本书编委会

主编：林　海

编委（排名不分先后）：

潘建林　周　军　黄春贵　彭　刚　方　苹

付龙龙　李旭光　孙修云　罗　明　蔡德森

史先阳　张　敏　张　燕　赵沐子　殷　悦

许志强　徐　宇　李佳佳　王　静　杜当高

李　阳　朱慧健　杨东阳

前　言

河蟹（*Eriocheir sinensis*），又名中华绒螯蟹，俗称螃蟹、大闸蟹等，是我国特有的名优水产品，主要分布在长江、辽河、瓯江水系，其中以长江水系河蟹生长快、规格大、抗病力强、味道鲜美而著名。经过30余年的发展，河蟹生产已从最初的资源放流型增养殖发展至当今集约化水平高的绿色生态养殖，河蟹产业已形成淡水养殖中有较大规模和专业化分工精细的产业链，涉及"亲蟹选育-蟹苗培育-蟹种养殖-商品蟹养成-品牌销售"各个环节。2020年，全国河蟹养殖产量超77.6万吨，各类型河蟹养殖面积100万公顷左右，涉及全国30个省（自治区、直辖市），总产值达500亿元以上。河蟹养殖业已成为当前农村产业结构调整、农民增收致富的主要产业，也是我国渔业中发展最为迅速、最具特色、最具潜力的支柱产业。

目前，我国河蟹养殖业的生产方式正在发生历史性转变，河蟹养殖业正积极践行"绿水青山就是金山银山"的理念，向规模化、独特性、高品质聚焦，坚定走生态优先、绿色养殖之路。面对广大基层科技工作者和渔农民，如何深入宣传绿色健康养殖理念，探索创新养殖模式，全面提高河蟹养殖的生态效益和经济效益，一本融会水产养殖绿色健康发展理念与河蟹先进养殖模式的科普读本，显得尤为必要。因此，我们编写了这本《图说河蟹生态养殖——从新手到行家》。

本书基本涵盖了当前河蟹养殖的先进模式和主推技术，技术嵌入模式，模式改良技术，可操作性强。在内容表现形式和手法上全面创新，创作了丰富的手绘插图，内容通俗易懂、简明凝练。在编写过程中，我们力求深入浅出，通过手绘简图、照片、文字等方式将河蟹养殖的科学性、实用性和操作性融于一体，力图切实帮助广大河蟹养殖爱好者与时俱进，做到"管好水，养好蟹"！

由于笔者水平有限，且河蟹养殖技术日新月异，书中疏漏和不足之处在所难免，恳请广大读者批评指正。

编　者

2022 年 11 月

目　录

一 品种简介

1 认识河蟹

　　河蟹（*Eriocheir sinensis*），又名中华绒螯蟹，俗称螃蟹、毛蟹、清水蟹、大闸蟹等。在分类学上属节肢动物门、甲壳纲、软甲亚纲、十足目、爬行亚目、方蟹科、绒螯蟹属。河蟹在我国分布很广，从南到北有闽江、瓯江、长江、黄河、海河和辽河六大水系生态群，其差异见表1。其形态上基本是以长江水系群为轴线，向南北呈渐变倾向，形状由近似椭圆形趋向方圆形，且随纬度上升，身体厚度增加；体色由以白色为主，趋向黄色或青黑色；第4步足趾节长度由细长趋向短而扁平；额齿和侧齿由大而尖锐，随纬度降低而趋向小而钝，随纬度上升而变大。河蟹背面观见图1。

表1　不同地理种群河蟹的形态比较

形态	闽江水系群	瓯江水系群	长江水系群	辽河水系群
头胸甲	近似方圆形，略扁	近似方圆形	不规则，椭圆形	方圆形，体较厚
背色	酱黄色	灰黄色带黑色	淡绿色或黄绿色	枣黑色或青黑色
腹色	淡锈色	灰黄色或水锈色	银白色	黄白色
刚毛	淡黄色、少而短	少、黄色、短、细	淡黄色、少而短	红黄色、粗长而密
第4步足趾节	短、扁	短、宽、扁	细长	短而扁
额齿和侧齿	较小	小而钝	大而尖锐	较大
生长速度	慢、个体小	较快	快、个体大	较快

图1 河蟹背面观

2 识别雌雄

区分雌雄：河蟹雌雄区分最显著的部位是腹部，俗称蟹脐，共分7节，弯向前方，贴在头胸部腹面。腹部的形状，在幼蟹阶段均为狭长形。

在成长过程中，雄蟹腹部的形状仍为狭长三角形，称尖脐（图2）。"蟹膏"即指成熟雄蟹精巢、射精管、副性腺和输精管等性腺部分和肝胰腺部分，这两部分为河蟹最好吃的部分，一般10—12月口感最佳。

图2 雄蟹腹部观

在成长过程中，雌蟹腹部的形状渐呈圆形（图3），俗称团脐。通常人们说的"蟹黄"即为成熟雌蟹的肝和卵巢的统称，一般9—11月口感最佳。

图3　雌蟹腹部观

3 品种优势

适养范围广：河蟹养殖历史悠久，养殖规模优势突出。在我国北起黑龙江，南至广东，东起鸭绿江口，西至新疆均有养殖。

适养模式多：河蟹适应性强，可采取池塘、稻藕田、湖泊水库围网及大水面资源增殖等多种形式养殖。可供混套养的品种也多，如"蟹-虾-鱼"搭配，虾可选青虾、小龙虾、南美白对虾、罗氏沼虾，鱼可选鲢、鳙、鲫、黄颡鱼、加州鲈、鳜、塘鳢、黄鳝等名特优品种。

比较效益高：经过30多年的不断摸索和创新，河蟹池塘养殖逐渐成为主流，亩*产可达100千克以上，平均规格达175克以上，

---

*　亩为非法定计量单位，15亩＝1公顷，下同。——编者注

亩均效益5 000元，高的可达万元，远高于一般品种的养殖效益，是农民增收致富的好品种。

产业链完整：自20世纪50年代以来，国内众多科研院所针对河蟹开展了系统的攻关与研发，积累了丰富的理论基础和养殖经验，形成了集"蟹苗繁育-蟹种培育-健康养殖-河蟹深加工-销售"于一体的完整产业链，有效带动了饲料生产、药物研发、餐饮和旅游等行业的协同发展（图4）。

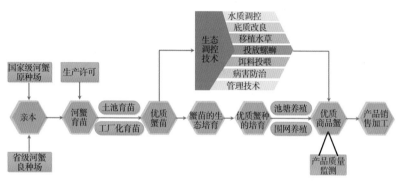

图4　河蟹产业链分工

二 生活习性

1 河蟹生活史

河蟹的生活史指从精卵结合形成受精卵，经历溞状幼体、大眼幼体、幼蟹、成蟹，直至死亡的整个生命过程，其寿命约为24个月。一般来说，河蟹在淡水中生长育肥6～8个月，在由黄蟹变为绿蟹的最后一次蜕壳后，便结束淡水生长阶段，开始成群结队地离开原栖居地，向通海的河川汇集，不远千里，长途行至咸淡水汇集处交配产卵。河蟹这种由淡水到海水中进行繁殖的过程，即为生殖洄游。谚语"西风响，蟹脚痒"，每年自寒露至立冬期间，河蟹性腺发育成熟，就需进行生殖洄游，繁殖下一代。生产上，人们人工捕捞绿蟹销售或开展后续人工繁殖（图5）。

> **实用小贴士**
>
> 从生产上来说，河蟹生活史一般分为苗、种、成蟹3个阶段；按照形态划分，一般分为溞状幼体、大眼幼体、仔蟹、扣蟹、黄蟹、绿蟹、抱卵蟹7个阶段；从发育角度来分，可分为生殖洄游、性腺发育、交配产卵、胚胎发育、幼体发育、成体发育6个阶段。

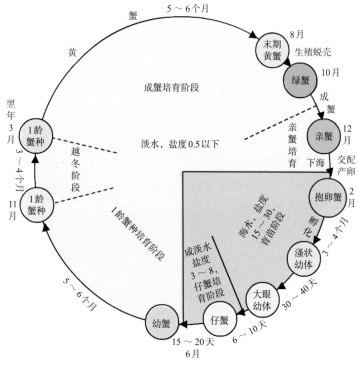

图5　河蟹生命周期谱

② 栖息与活动

河蟹的主要生活方式为底栖和穴居，且栖居方式随各个发育阶段不同而异。河蟹喜欢栖居在江河、湖泊的泥岸或滩涂上的洞穴里，或隐匿在石砾或水草丛等隐蔽处，在养殖密度高的水域中，大多数河蟹隐伏于水底淤泥之中。它们白天常躲藏在阴暗的地方或洞穴里，晚上或微光之下才出来活动。

冬季河蟹潜伏在洞穴中呈半休眠状态，春季气温回升时再开始捕食等活动。其有掘穴的本能，掘穴一般选择在土质坚硬的陡岸，岸边坡度为（0.2～0.3）∶1（图6）。

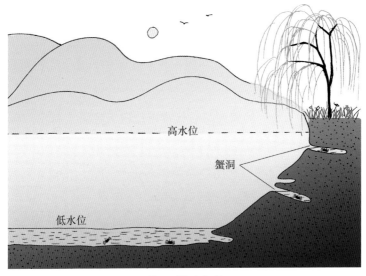

图6　蟹洞分布

穴居的蟹活动量和摄食量均不大，产量和品相都不好。因此，在人工养殖条件下，通常需通过营造良好的生态环境来改变其穴居的特性，如养殖池塘中，饵料与水草等条件适宜、水温22℃以上、水位较稳定时，河蟹很少穴居。

实用小贴士

河蟹洞穴一般多呈管状，略微弯曲，不与外界相通；洞径2～12厘米，与蟹体大小相适应；长20～80厘米，有的可达1米以上。生产上可通过观察洞穴有无、多寡来判断河蟹养殖环境和生长状态的优势。

经常穴居的河蟹，一般个体较小、活力不强，品相欠佳，养殖效果不好。

3 运动与感觉

（1）**感觉器官** 河蟹的视觉、嗅觉和触觉都很灵敏，一觉察到危险，立刻隐蔽或逃跑。即使在野外或微弱灯光下，河蟹也能寻找到食物和逃避敌害。

（2）**活动习性** 河蟹通常昼伏夜出，白天隐居于洞穴、草丛、石砾中，夜晚出来觅食（故一般驯化投喂时间为傍晚），活动频繁，有趋光（人们在夜晚用灯光诱捕河蟹就是利用的这个习性）、趋流的习性。

（3）**运动特征** 善于爬行，喜爱攀越障碍（河蟹的攀高能力很强，在蟹苗和仔蟹阶段甚至能在潮湿的玻璃上垂直爬行，所以做好防逃设施很关键），其行进是向前斜行的，且行动迅速，能在地面爬行，还能在水中短暂游泳（图7）。

图7 河蟹善攀爬

4 摄食与食性

（1）**食性** 河蟹为杂食性，偏爱动物性食物，如鱼、虾、螺、蚌、水中的昆虫及其幼虫和卵等。缺乏荤腥食物时，河蟹也吃植物性食物，如水草、藻类植物或各种谷物。人工养殖条件下，河蟹除喜食螺、蚌肉外，对豆饼、小麦、玉米、马铃薯及南瓜等的摄食率也较高。

（2）**食量**　河蟹食量大且贪食，在水质良好、水温适宜、饵料丰盛时，一昼夜可连续捕食数只螺类。另外，河蟹的耐饥能力也很强，在饵料缺乏时，近半个月不摄食也不会饿死，这种耐饥性使得河蟹便于长途运输与储藏。

（3）**摄食方式**　河蟹独特的咀嚼器决定了其摄食方式为咀嚼式，捕食时靠螯足和第2对步足将食物送到口边，口器自行张开。食物经第3颚足递至大颚，由大颚绞碎，通过短的食道进入胃。河蟹还有一个习惯，就是在陆地上很少摄食，往往喜欢将食物拖至水下或洞边摄食（图8）。

图8　河蟹食谱

5 争食和好斗

河蟹不仅贪食，而且还有争食和好斗的天性，主要有以下4种情况：

（1）人工养殖条件下，养殖密度大，饵料少易发生争食和格斗。

（2）投喂动物性饵料时，为了争食美味可口的食物互相格斗。

（3）在交配产卵季节，几只雄蟹为了争一只雌蟹而格斗，直至最强的雄蟹夺得雌蟹为止。

（4）食物十分缺乏时，抱卵蟹常取其自身腹部的卵来充饥，甚至残食处于蜕壳时期的同类。

实用小贴士

为避免和减少格斗，在人工养殖时可采取如下措施：饵料足量多点投放，均匀投饵；动物性和植物性饵料合理搭配；对刚蜕壳的"软壳蟹"加以保护，如增加作为隐蔽物的水草数量；投饵区与蜕壳区分开，以防止同类互相残杀。

6 自切与再生

当河蟹受到强烈刺激或遭遇敌害时，或胸足在蜕壳受阻蜕不出时，常会发生自切（河蟹遭遇敌害时，常在附肢的基节与座节之间的关节处自我切断，这种现象为"自切"，是其长期适应自然的一种自我保护性措施。故养殖过程中，应密切注意及时清除敌害并控制与河蟹有竞争关系的养殖对象的密度），之后可再生新足，但功能有所减退。生产中捉捕河蟹时，一般不直接抓握河蟹的步足及大螯，否则河蟹会自切逃脱，造成蟹体伤残。自残缺足的河蟹价格大大降低（同样大小规格的商品蟹，缺足的价格甚至不到肢全的价格的一半）。

三 塘口改造

1 选址要求

养蟹池应选择靠近水源（水源及养殖水质具体应该满足《渔业水质标准》），水量充沛，水质清新，无污染，进排水方便，交通便利的土池。水质要求清新，不宜过肥，透明度在35～50厘米。河蟹喜欢掘穴而居，因此一般要求池底以黏土最好，沙壤土次之，有5～10厘米厚淤泥层最佳，以利于水草、摇蚊幼虫、螺蛳等生长繁殖（图9、图10）。

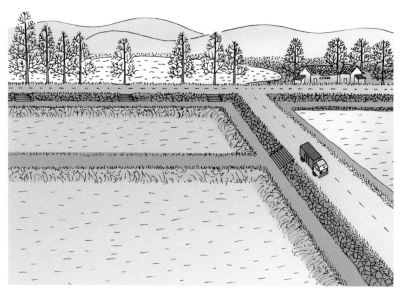

图9　选址交通便利

图 10   标准化养殖基地

2 池塘结构

（1）形状结构   河蟹规模化养殖的单个池塘面积以 10 ～ 30 亩为宜。池塘形状为东西向长、南北向短的长方形。水深以 1.2 ～ 1.5 米为宜，塘底须平整，池塘四周挖蟹沟，池中央纵横挖条沟，形成"井"或"田"字状，沟宽 3 米，深 0.5 ～ 0.8 米（图 11、图 12）。

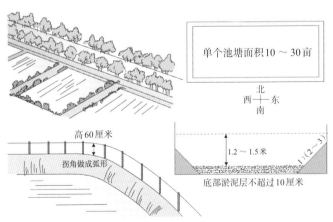

单个池塘面积 10 ～ 30 亩

北
西━━━东
南

高 60 厘米

拐角做成弧形

1.2 ～ 1.5 米

1 : (2 ～ 3)

底部淤泥层不超过 10 厘米

图 11   池塘结构示意图

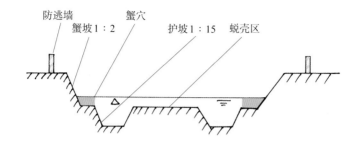

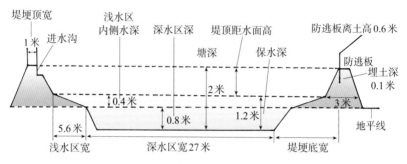

图12 一般蟹池剖面结构示意

实用小贴士

如果池过深，池底光照条件差，则不利于水草生长；池过浅，则夏季水温高，对河蟹吃食和生长不利。

（2）**进排水** 要求进水系统和排水系统分开，有条件的应配备蓄水净化池，以保证蟹池加水时不受污染。排水须经集中净化区净化达标后方可外排。

进水口应用筛绢扎紧，以30～60目筛网过滤，有条件的尽量用双层筛网过滤，防止野杂鱼及其鱼卵、敌害生物进入。

蟹池对角设置进、排水管，高位进水、低位排水，便于整塘

水体流动和换水（图13、图14）。

图13　进水管

图14　出水管

（3）双层覆膜护坡　蟹池内侧土质斜坡易受水浪波动、雨水冲刷和河蟹掘动影响而引起滑坡或坍塌，还会杂草丛生，方便敌害生物隐藏，给池塘管理带来不便。采用"高密度聚乙烯土工膜+聚乙烯网片"双层覆膜护坡技术可有效解决塘埂水土流失、河蟹塘边掘穴及逃窜等问题，同时利于提高商品蟹品相。施工方法如下：

①首先调整塘埂坡度，使坡比为1∶（1.5～2），夯实塘埂，确保斜坡与塘埂平坦，塘埂宽1.5米以上，塘埂和斜坡坡面要平整、压实，方便高密度聚乙烯土工膜与聚乙烯网片的铺设。

②在池塘上沿、底部沿四周挖环沟，沟深40厘米左右，从环沟向塘埂斜坡依次铺设高密度聚乙烯土工膜和聚乙烯网片（聚乙烯网片覆盖在高密度聚乙烯土工膜上），高密度聚乙烯土工膜和聚

乙烯网片均埋入环沟，压实（避免河蟹由此处掘穴）并用泥土覆盖环沟至平整状态（图15至图17）。

图15　高密度聚乙烯土工膜　　图16　蟹池双层护坡铺设高密度聚乙烯土工膜

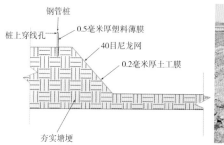

图17　坡面改造

3 防逃设施

塘埂四周建防逃设施，防逃设施高50厘米以上。制作防逃设施的材料可选用钙塑板、铝板、石棉板、钢化玻璃、瓷砖、水泥、白铁皮、尼龙薄膜等（可防止河蟹攀爬逃逸），并以木桩、钢管等作为防逃设施的支撑物（图18至图21）。

拐角做成弧形较好

防

逃

设

施

高>50厘米

图18 防逃设施

图19 覆膜护坡、防逃设施一体化

图20　瓷砖防逃设施

图21　水泥防逃设施

4 清塘管理

（1）**晒塘冻土**　养蟹池秋冬季排干池水，冬春季清塘时，除用药物彻底消毒外，还需清除过多淤泥，因淤泥中存在过多的有机质，在溶解氧缺乏时，易引起水质、底质恶化，产生硫化氢、氨、沼气等有害物质危害河蟹，同时不利于水草生长。清除淤泥后，适当晒塘冻土，休养生息（图22至图24）。

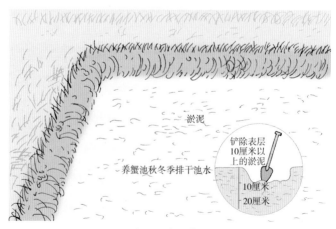

淤泥

铲除表层
10厘米以
上的淤泥

养蟹池秋冬季排干池水

10厘米

20厘米

图22　清塘管理

图23 机械清淤

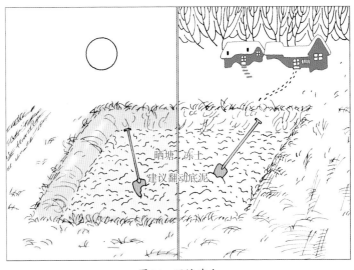

图24 晒塘冻土

（2）**清塘消毒** 注水至20厘米水深，使用生石灰化水全池泼洒，杀灭池中病菌、野杂鱼和藻类，一般用量为150～200千克/

亩。若淤泥较厚、藻类多、水硬度大，每亩生石灰用量可增加10%～50%，药效可维持7～10天（表2，图25、图26）。

表2 常规清塘消毒药物及用量

药物名称	用法与用量	注意事项
氧化钙 （生石灰）	干法，每亩150～200千克	不能与漂白粉、有机氯、重金属盐、有机络合物混用
漂白粉 （有效氯≥28%）	水深0.5米，15～20毫克/升	勿与酸、铵盐、生石灰混用
三氯异氰尿酸	水深0.5米，2～3毫克/升	勿用金属容器盛装，勿与其他消毒剂混用
茶籽饼	水深1.0米，30～60毫克/升	粉碎后加水浸泡一昼夜，稀释，连渣全池泼洒

注意：应注意清塘用药后的废水排放对周围环境的影响。

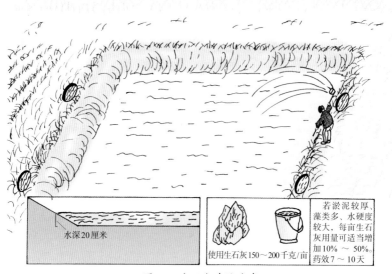

图25 生石灰清塘消毒

图26 干洒生石灰消毒

1 蟹苗挑选

（1）来源清晰

①亲本信息清晰。一般挑选规格125克/只以上的雌蟹为母本、175克/只以上的雄蟹为父本进行自繁；或采取"选送亲本、定点繁苗"的方法，将亲本送蟹苗繁育场进行土池繁苗，保证亲本的规格和质量（图27）。

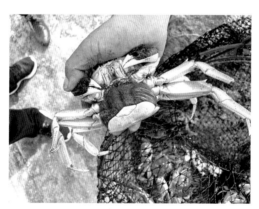

图27　雌蟹

②育苗场信息清晰。选购前应对育苗场的生产情况进行了解，如育苗场繁苗用亲蟹的来源、规格以及孵化、交配、放幼等情况。蟹苗出池温度与培育池水温之差应控制在2～3℃（表3，图28）。

表3 了解蟹苗本底

相关细节	要 求
亲蟹种质	纯正的长江水系河蟹亲本
亲蟹来源	父本及母本来源
亲蟹规格	雌蟹125克/只以上，雄蟹175克/只以上
亲蟹体质	活力强，无肢残
育苗水质	无污染，水质好
幼体变态发育状况	良好，变态发育整齐
饵料种类	活体饵料为佳
用药情况	未使用国家违禁药物或反复使用抗生素
育苗水温	19～25℃
育苗盐度及下降幅度	蟹苗淡化盐度在3以下，淡化4天以上

实用小贴士

近年来，生产中有选择大规格亲本繁育苗种的趋势，部分追求养殖特大规格蟹的养殖户选用250克/只以上亲本繁育的苗种。尽量选择不同来源地的父本（雄蟹）、母本（雌蟹）用于苗种繁育。

图28 蟹苗繁育场

（2）**质量甄别** 蟹苗，即大眼幼体，是蟹卵孵化后经4次蜕皮，变成Ⅴ期溞状幼体后，再蜕1次皮，变态成的幼体。大眼幼体营游泳生活，离水后可以爬行。蟹苗质量是影响蟹种培育的关键因素。选购优质大眼幼体，除注重品系外，应做到"三看一抽样"（图29）。

图29　察看大眼幼体

"一看"体色是否一致：优质蟹苗体色一致，呈金黄色或姜黄色，稍带光泽。劣质蟹苗体色深浅不一，嫩苗体色透明，老苗体色较深。

"二看"群体规格是否均匀：同一批蟹苗日龄应一致、规格应整齐，要求80%～90%一致。

"三看"活动能力强弱：蟹苗沥干水后，用手抓一把轻轻一捏，再放在蟹苗箱内，视其活动情况。如用手抓时，手心有粗糙感，放入蟹苗箱后，蟹苗能迅速向四面散开，则蟹苗活动能力强。

"四抽样"：检查可称1～2克蟹苗计数，并折算为每千克蟹苗

只数。通常，14万～16万只/千克为壮苗，18万～22万只/千克
为中等程度苗，24万只/千克以上为弱苗（图30）。

图30　蟹苗抽样

实用小贴士

根据亲本大小和蟹苗质量优劣，一般每千克售价为400～
1 000元。

② 蟹种挑选

蟹种是成蟹养殖的基础，直接关系到养蟹成败和经济效益。
多年的养蟹实践表明，长江水系蟹种在回捕率、群体增长倍数、
养成规格上相比辽河水系蟹和瓯江水系蟹均有明显优势（图31、
图32）。选购蟹种时应注意以下事项：

- ✓ **看水系**。首选长江水系蟹种。
- ✓ **看亲本**。亲本规格大、体质好，雄蟹175克/只，雌蟹125克/只以上。
- ✓ **看发育**。具有性早熟特征的不要，如腹脐圆满、刚毛长满等。
- ✓ **看水域**。蟹种培育宜用淡水，最好在当地水域培育，所以本地选购为宜。
- ✓ **看体质**。规格整齐，体质健壮，爬行敏捷，附肢齐全，甲壳光滑无附着物。
- ✓ **看本底**。宜选择灯光诱捕、流水诱捕的蟹种。注意防止误购药物诱捕的苗种。

规格整齐、体质健壮、爬行敏捷、附肢齐全、趾节无损伤、无寄生虫附着，每千克达到100～200只为好

图31 蟹种挑选

图32　蟹种严选

✓ **看规格**。规格为100～200只/千克，伤残率在5%以下，
性早熟个体在5%以下。

✓ **早购早放**。购买蟹种时宜早购早放，避开炎热、寒冷天气
运输，并加强放蟹种前的准备工作和入池后的强化培育工
作，以提高养殖成活率。

质量甄别

（1）扣蟹甲壳色泽光亮，附肢齐全，镜检体表无寄生物和纤
毛虫。

（2）附肢无残肢断爪、磨爪、腐皮现象，颜色金黄，趾节无
磨损。

（3）第2～5对步足长、宽匀称者为佳，挤压有弹性，步足肌肉饱满。第2步足弯曲关节处超过眼点。

（4）肠道黑色粪便、食线饱满、色泽亮黑。

（5）揭开盖壳，膏多，肝呈鲜黄色，肝小叶条纹清晰，肝胰饱满者为优质苗。尽量避免选择"水瘪子"的苗种。

（6）鳃部饱满富有光泽，以白色或浅白色为最佳，发黑、水肿、锯齿状及有杂质的为差苗。

（7）随机抽样10只以上的蟹苗看其能否快速翻身。一般活力较好、体力较强、体质较好的蟹苗能够快速翻身。避免选择"老头蟹"。

（8）扣蟹整体规格要匀称一致，这有利于后期养殖蜕壳的同步性。同步蜕壳能有效减少河蟹自相残杀现象，提高成活率，便于正常生产管理。

五 苗种放养

1 蟹苗放养

蟹苗运输：总的原则是运输时间越短越好，质量不好的苗千万不能长途运输。装箱前，在箱底铺一层湿纱布或毛巾，保持湿润，称过蟹苗后，用手将蟹苗轻轻洒在纱布上，数量不宜多，均匀撒满一层即可。运输时，车厢内蟹苗四周用浸湿的草袋或雨布盖好，防止风吹、日晒、雨淋、高温、干燥、积水。

投放方法：蟹苗下塘前要先"试水"（图33），然后把苗箱沉入水中，让蟹苗自由游入水体。

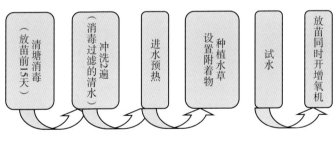

清塘消毒（放苗前15天） → 冲洗2遍（消毒过滤的清水） → 进水预热 → 设置附着物种植水草 → 试水 → 放苗同时开增氧机

图33　蟹苗投放流程

投放时间：气温与水温温差不大于5℃，且确保蟹苗在水蚤高峰期下塘。

适宜密度：规格为每千克14万～16万只的蟹苗，放养密度为0.8～1.5千克/亩（图34、图35）。

图34　蟹苗投放前"醒水"

图35　蟹苗投放前准备水草、增氧

2 蟹种放养

蟹种放养注意事项见图36。

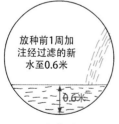

选择体质健壮，爬行敏捷，附肢齐全，趾节无损伤，无寄生虫附着的蟹种

图36　蟹种放养注意事项

（1）放养前准备　放养蟹种要做到"三适一暂养"，即适当密度，适时放养，适中规格，先暂养后放养（图37、图38）。

蟹种放养前应用0.3%～0.4%食盐水浸洗3～5分钟

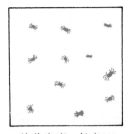

放养密度：每亩800～1 500只为宜，规格为每千克100～200只

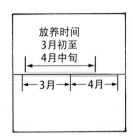

蟹种放养时间：以3月初至4月中旬为宜

图37　蟹种放养准备

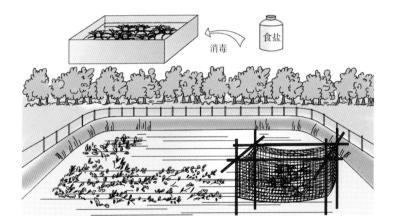

图38　蟹种投放前消毒准备

实用小贴士

　　经运输的蟹种放养前应在水中浸泡2～3分钟取出，如此反复2～3次，让蟹的鳃吸足水分。为防止蟹种带入寄生虫和病菌，经浸水处理后放入配置好的药液中浸泡消毒3～15分钟，然后让其自行爬入养殖水域。

（2）强化培育 有条件的，要先暂养后放养。"暂养"是蟹种放养前必需的过渡阶段。蟹种经暂养后放养，可大大提高下塘成活率，视水温和池水中水草生长情况而决定暂养时间的长短。

即先用聚乙烯网进行小面积围栏，将备齐的蟹种先放入围栏区强化培养，围栏区占池塘面积的20% ~ 30%，可同时起到提高成活率和促进非放养区水草生长的双重作用（图39）。

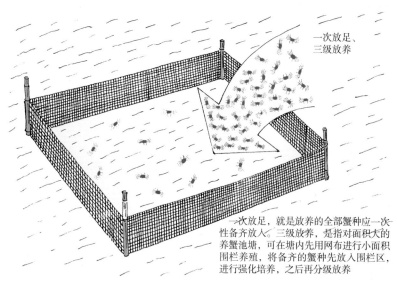

一次放足、三级放养

一次放足，就是放养的全部蟹种应一次性备齐放入。三级放养，是指对面积大的养蟹池塘，可在塘内先用网布进行小面积围栏养殖，将备齐的蟹种先放入围栏区，进行强化培养，之后再分级放养

图39 蟹种围栏强化培育

六 环境管理

1 水草选择

渔谚有"蟹大小，看水草""养好一塘蟹，先要种好一塘草"。蟹池中水草种植的好坏，是养蟹成败的关键。水草的主要作用包括：

- 作为河蟹重要的植物性饵料来源。

- 净化水质，增加溶解氧。

- 调节水温，冬天防风避寒，夏日遮阳降温。

- 河蟹蜕壳时既可攀附在水草上固定并遮掩身体，缩短蜕壳时间，减少体力消耗，又可在水草下躲避天敌的侵害。

- 使河蟹栖息环境得到改善，发病率降低，穴居减少，体色光亮，品相较好。

蟹塘常选用的水草有伊乐藻、轮叶黑藻、苦草、苲草、黄丝草、水花生等（图40至图43，表4）。

实用小贴士

实践表明，水草丰富的池塘，养成的河蟹体色正、规格大、产量高、味道鲜美；相反，水草少或无水草的蟹塘则成蟹往往产量低、规格小、体色差。

轮叶黑藻	苦草	伊乐藻	菹草
每年4月水温上升至10℃以上时栽种	10℃以上时开始种植	无冰冻时即可栽种，5℃以上即可生长	秋季水温不低于18℃时播种

图 40　蟹塘水草选择

图 41　苦草

图 42　伊乐藻

图 43　轮叶黑藻

表4　常见蟹池种草方法

名称	适宜品种	方　法
栽插法	轮叶黑藻、金鱼藻	首先浅灌池水，将带茎水草切成小段，长15～20厘米，然后像插秧一样，均匀插入池底。如池底坚硬，可先疏松底泥再栽插；如池底底泥较多，可直接栽插
抛入法	菱、睡莲、苦草	用软泥包紧后直接抛入养殖池中，其根或茎接触底泥即可生长
移栽法	茭白、慈姑	移栽前去掉伤叶及纤细劣质的秧苗，在池边的浅滩处连根移栽，要求秧苗根部入水10～20厘米。每亩保持30～50株
培育法	浮水植物，如芜萍、青萍、水花生	可根据需要随时捞取，也可在池中用竹竿、草绳等隔一角落，进行培育。一定肥度的水体均可生长良好，若水体肥度不高，可用少量化肥化水泼洒，促进其生长萌发
播种法	苦草、轮叶黑藻	适合有少量淤泥的池塘，播种时水位控制在15厘米。播种时要将种子均匀撒开，播种量每公顷水面1千克（干重）。播种后要加强管理，适当施肥，提高水草成活率，使之尽快形成优势种群

② 水草布局搭配

蟹塘种植水草分布要均匀，品种忌单一，沉水、挺水、浮水型水草合理分布，应注重搭配适于夏季生长的水草。推荐品种有伊乐藻、轮叶黑藻、苦草、黄丝草、水花生等。

（1）品种搭配　2～3个优势种，沉水植物与浮水植物相结合，一般以伊乐藻、轮叶黑藻为主，以苦草、黄丝草、金鱼藻、水花生等为辅。

（2）覆盖面积　前期总覆盖率保持在20%左右，中后期维持在50%～70%。水面挺水植物和浮水植物应控制在水面面积的

15%以内。

（3）总体布局　有规则地设置水草带或水草区，使水体形成"井"字形或"十"字形的无草区或水道（图44至图47）。

实用小贴士

①伊乐藻。发芽早、长势快，为河蟹早期生长提供一个栖息、蜕壳和避敌的理想场所，高温期逐步淘汰。

②轮叶黑藻。为河蟹的中后期生长提供一个避暑、栖息、蜕壳和避敌的理想场所。

③苦草。蟹喜食，分期分批播种，错开蟹生长期，可防止被河蟹一次性破坏，以保证长期的植物性饵料供给。

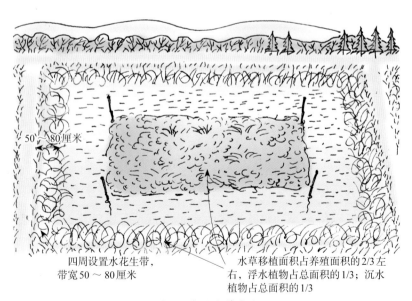

50～80厘米

四周设置水花生带，带宽50～80厘米

水草移植面积占养殖面积的2/3左右，浮水植物占总面积的1/3；沉水植物占总面积的1/3

图44　蟹池水草布局

图45　1月蟹池种草

图46　4月蟹池复合型水草

图47　8月蟹池复合型水草

3 水草管护技术

水草，重在管理，只种不管就会前功尽弃，不但不能正常发挥作用，而且高温易大面积败草，从而导致水质腐败、蓝藻暴发等，造成河蟹死亡。根据河蟹、水草不同生长阶段的特点和天气情况，以下3个阶段养护各有侧重点：

（1）3月至4月初，采取"浅水促草，肥水抑藻"的措施，应尽量控制水位在50～60厘米，在促进各类型水草生长的同时可控制伊乐藻快速生长。

（2）4月底至6月初，如果伊乐藻生长过旺，可采取割、削等措施，留根上20～30厘米的部分，以促进水草新根系的生长，尽量做到草头不露出水面。

（3）高温季节，适当少量多次加水，以能看见水下的水草为度，防止水草因缺少光照而腐烂。同时，减少人为对伊乐藻等水草的扰动，否则易引起水草大面积死亡。如有条件，可适当人工设置水草带（可用水花生替代），用竹桩、绳索将水草固定在水面下50～60厘米处，以增加水体中溶解氧含量并降低水温。

实用小贴士

（1）围网护草　对部分水草（轮叶黑藻、苦草等晚种迟发品种）进行围隔圈养，避免被河蟹等摄食而影响生长，待水草扎根茁壮后（6—7月）再分批开放。

（2）高温养护　高温季节水面温度可达40℃，60厘米以下水层也能达33～34℃，易引起热害和缺氧。遇高温、闷热天气应及时增氧，保证蟹池全天溶解氧含量充足，防止水草夜间缺氧死亡，从而使水质清新，确保河蟹健康生长。

4 螺蛳放养

螺蛳是河蟹特别喜食的一种动物性活饵料，具有很高的饲用价值和环保价值。养殖实践证明，螺蛳在河蟹生产中起着重要作用，其既可作为河蟹的活饵料，又有净化养殖水质的作用（图48）。

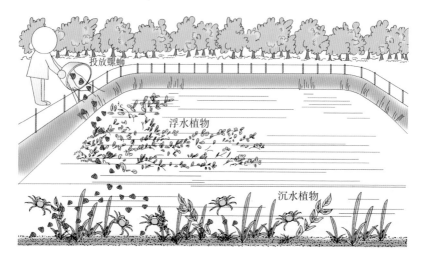

图48　移殖螺蛳

　　螺蛳为雌雄异体，雌螺左右两触角头相同，而雄螺左右两触角头不同，雌性个体大于雄性个体，一般1冬龄性成熟，卵胎生，繁殖季节为每年3—10月，分批产仔，每次10～50个。

　　（1）螺蛳挑选

　　①质量要求。个体较大，螺壳面完整无破损，受惊时螺体能快速收回壳中，同时厣能有力地紧盖螺口，螺体无蚂蟥等寄生虫寄生。

　　②投放时间。投放活螺蛳一般选择1—3月。4—10月雌螺陆续开始繁殖，仔螺利用率高，是河蟹最适口的饵料，正好适合河蟹生长需要（图49）。

　　③注意消毒。投放时应先将螺蛳洗净，有条件的还要对螺体进行消毒，可用三氯异氰尿酸（强氯精）、二溴海因等杀灭螺蛳身

上的细菌及原虫。

图49　冬季螺蛳均匀投放

（2）蟹池螺蛳投放方法

①一次性投放。每年清明节前，成蟹养殖池塘应投放一定量的活螺蛳，每亩池塘投放量为300～400千克。投放量可根据各地实际情况酌量增减。

②分次投放。清明节前每亩成蟹养殖池塘先投放100～200千克，然后5—8月每月每亩投放活螺蛳50千克。

③均匀撒播。因螺蛳活动缓慢，活动半径较小，投放螺蛳时应全池均匀投放，以提高螺蛳成活率，最大化实现其净化水质和提供鲜活饵料的功能（图50）。

成蟹养殖池塘每年清明节前应投放一定量的活螺蛳，每亩池塘投放量为300～400千克。投放量可根据各地实际情况酌量增减

成蟹养殖池塘

螺蛳投放方式可采取一次性投放或分次投放法。一次性投放法为清明节前每亩成蟹养殖池塘一次性投放活螺蛳300～400千克；分次投放法为清明节前每亩成蟹养殖池塘先投放100～200千克，然后5—8月每月每亩投放活螺蛳50千克

图 50　螺蛳投放

5 青苔防控

青苔是蟹池中常见的丝状绿藻总称，包括水绵、双星藻和转板藻。该藻类喜生长在透明度高的浅水处，在养蟹早期（水温20℃左右）易大量繁殖。初期藻体颜色为深绿色，呈丝状附于池底，后渐变为黄色悬于水中，衰败时，如旧棉絮覆盖整个水面，严重影响水草生长。同时，青苔易附着、缠绕在河蟹体表，影响其生长和商品价值，重者，可引起池塘中鱼类缺氧中毒死亡。

青苔是河蟹池塘早期需重点防控的对象（图51），以生态预防为主、物理及药物控制为辅，具体应注意以下几点：

（1）前期适度肥水，保持一定的肥度能抑制青苔生长。有条件的可施用经充分发酵的有机肥，亩用量为150千克左右，以提高水体肥度，降低水体透明度，增加水体中浮游生物的数量。

（2）如塘口面积小或劳动力允许，青苔生长初期可人工捞除。

（3）选择天气晴好、塘口水位在60厘米以下的时间，使用硫酸铜兑水全池泼洒（硫酸铜用量不超过150克/亩），注意增氧。

（4）慎用药物，特别是高温期，常见的除青苔药物一般均会影响水草生长，剂量大甚至会引起水草批量死亡。

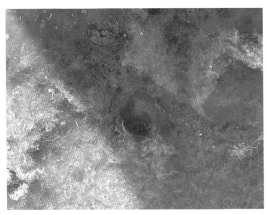

图51　青苔"疯"长

七 水质调控

🔟 察"颜"观色

养殖用水是水产养殖的根本，其好坏直接决定养殖的成败。生产管理中，应把水质调控作为养殖管理的重中之重。可结合传统经验和现代检测分析手段，及时综合判断、采取预防措施。水色是水中浮游生物的种类和数量的不同给人们视觉上的感觉，养殖河蟹要保持水色清淡，做到"清、活、嫩、爽"，养殖户需要掌握根据水色判断水体营养状况（图52）。

图52 蟹池适宜水色

✓ **"清"**。即指水体中浮游生物的数量不是很多，水质清淡、透明度较高，适宜水生植物生长。

✓ **"活"**。即指水体不死滞、溶解氧充足，水草及浮游植物光合作用良好，水色能随光照和时间变化而有变化。

✓ **"嫩"**。即指水体鲜嫩不老，表明水体中的浮游植物细胞未衰败；反之，会降低水体的鲜嫩度而变成"老水"。

✓ **"爽"**。就是水质清爽，水中固体悬浮物少，水草、河蟹等体表不"挂脏"。

实用小贴士

"老水"指水色较深、无日变化、透明度低的水。一般由长期投饲施肥且不加水或加水不排水，加水量只够补充蒸发消耗等原因造成。此类水容易变成"死水"。

"死水"是指溶解氧含量低、大量生物死亡的水。

---

② 关键指标

（1）**溶解氧** 水体中溶解分子态氧的量直接关系到水生生物的生存与繁殖，是养殖中最需要关注的指标。在正常的温度、压力、盐度下，大气与水之间平衡交换，使水中溶解氧含量趋于饱和状态，从而保证水生生物良好的生长繁育环境。

一般溶解氧含量低于2.0毫克/升时，水生生物即受到严重威胁甚至大量死亡。溶解氧进一步下降时会引起池塘生态恶化，如厌氧细菌大量繁殖，尤其底层极度缺氧时，沉积物变黑，释放出硫化氢、甲烷等有害气体。

增加水体中溶解氧最有效的方法是机械增氧，在应急的情况下，可使用增氧剂。常用的增氧剂有过氧化钙、过碳酸钠、二硫酸铵等。

（2）**酸碱度（pH）** pH是水体中氢离子活度的度量，天然水体的pH是各种溶解的化合物、盐类和气体所达到的酸碱平衡值。养殖池塘中浮游植物的光合作用，生物残骸、排泄物等的分解，以及用药等均会引起水体pH变化。

①酸性水体的危害。当pH<5时，会造成河蟹酸中毒，中毒后的河蟹表现为不安、上岸、鳃部病变、黏液增多，最后窒息死亡。

②碱性水体的危害。当pH>9时，水体对河蟹有强烈的腐蚀性。河蟹会分泌大量黏液，呈可拉丝状，鳃部被腐蚀出现损伤，甚至死亡。

③适宜酸碱度。河蟹养殖水体的pH要求中性偏碱，一般要求在7.5左右，pH过高或过低对河蟹养殖不利。

④酸碱度调节。养殖水体pH的调节主要用石灰、乳酸菌类微生物制剂、漂白粉等，只有在特殊的养殖条件下，才加入一些其他化学物质来调节pH。

（3）**氨态氮**

①危害性。水体中的氨对水生生物构成危害的主要是非离子氨。非离子氨对河蟹的毒性作用主要是损害其肝、肾等组织，使河蟹的次级鳃丝上皮肿胀、黏膜增生，使河蟹从水中获氧能力降低，从而窒息死亡。

②调控方法。一种方法是用含沸石粉、硅藻土、高岭石、腐殖酸钠的调水制剂来吸附水体中的氨。另一种方法是施用光合细菌、硝化细菌等有益复合微生物制剂，利用微生物来分解、利用水体中的氨。

（4）亚硝酸盐

①危害性。亚硝酸盐对养殖生物的毒性与温度、溶解氧及氯离子的浓度等有关，一般当水体中的亚硝酸盐浓度达到0.1毫克/升时，即会对河蟹产生毒副作用。

②调控方法。可通过投放有益微生物制剂改善水体微生态系统，如光合细菌、硝化细菌、复合微生物等。也可通过施用漂白粉等提高水体中氯离子的浓度。漂白粉具有强氧化性，可抑制亚硝酸盐对养殖生物的危害（图53）。

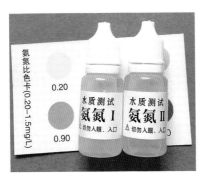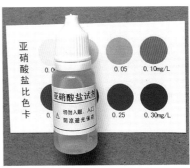

图53 测水质常用的氨氮和亚硝酸盐试剂

3 水质调控方法

水质调控以"维持良好藻相、菌相、草相，稳定水质理化、生物指标"为目标,坚持"主动调、提前调"的调控原则,使水质达到"清、活、嫩、爽"的效果,保障河蟹在稳定、良好的水体环境生长,避免环境突变造成其应激反应。常用的有物理方法、生物方法、化学方法。

(1)物理方法

①加水。从放种(春放)时水位控制在50~60厘米开始,随着气温的升高,视水草长势,每10~15天加注新水10~15厘米。3—5月水位保持50~90厘米(早期切忌一次加水过多),6—8月水位保持0.9~1.6米,9—11月水位保持1米左右。应注意夏季保持较高水位,可降低水温,减少河蟹高温热害、降低性早熟比例(图54、图55)。

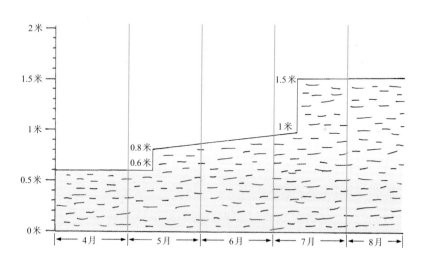

图54 随季节调节水位

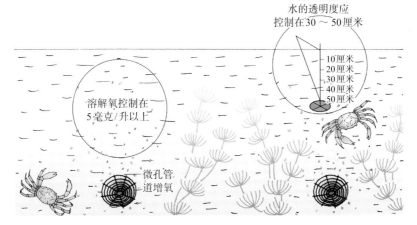

养殖池塘
水的透明度应
控制在30～50厘米

10厘米
20厘米
30厘米
40厘米
50厘米

溶解氧控制在
5毫克/升以上

微孔管
道增氧

图55　水质调控基本原则

②注换水。注换新水对保持良好水质、补充溶解氧起到较大作用。根据天气、温度、水位、水质状况灵活掌握，条件允许的可采用内塘循环流水和增氧泵，保证水的流动性。春季一般每半月注换水1次，每次注换1/5～1/4。夏季温度较高，每周注换水1次，每次加深10厘米左右。此外，当池水透明度低于50厘米时，应勤换水。河蟹摄食量明显下降，白天都离水乱爬或伏于水草表面，表明水质变坏，可注入新水或换水。在连续阴雨闷热、有机物大量分解的情况下，要勤换水。久旱不雨，水质老化时，也要勤换水（图56）。

实用小贴士

换水的原则是先排后灌或边排边灌。

换水频率：在河蟹生长旺季6—9月，每周注换水1次，其余时间每2周1次
换水方法：先排后灌

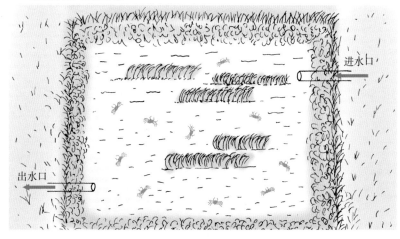

图56　注换水

③机械增氧。根据池塘溶解氧变化规律，确定开机增氧的时间和时长，一般4—5月，阴雨天半夜开机；6—10月，14:00开机2～3小时，日出前1小时再开机2～3小时；高温天、连续阴雨或低压天气时，22:00时开机到翌日中午。物理设备增氧可调节水中的总含氧量和均匀度，以维持蟹池的优良水体环境（图57、图58）。

（2）生物方法

①冬春肥水。对于水质清瘦的蟹池，冬春要进行肥水。冬春肥水可以培育浮游植物，有利于增强水体中的光合作用，提高水体溶解氧，还可作为青虾、鲢、鳙的天然饵料，提高养殖效益；同时可以有效抑制青苔大量繁殖。

图57　主要增氧设备——罗茨鼓风机

图58　主要增氧设备——水车式增氧机

②栽培水草。水草除为河蟹长期提供青绿饲料外，还可吸收水中的营养盐以净化水质，并通过光合作用增加水中溶解氧，在高温季节还能降低局部水温。多品种搭配栽种水草，保持养殖周期内池塘水草覆盖率为50%～70%。

③移殖螺蛳。螺蛳不但能为河蟹提供喜食的动物性饵料，而

且能大量摄食有机碎屑、残饵及粪便等，净化水体、底栖环境，利于水草生长。

④放养滤食性鱼类。鲢、鳙等鱼类可滤食水体中的浮游生物、残饵、粪便，达到调节水质的目的。

⑤施用微生态制剂。在河蟹养殖过程中，全程使用乳酸菌、芽孢杆菌、EM菌等有益微生物调节水质，每5～7天选择晴好天气使用1次，可转化吸收水体中的氨氮、硫化氢、亚硝酸盐，对调节水质、改善蟹池生态环境、提高河蟹机体免疫力、促进河蟹生长等具有明显作用。微生态制剂不能与消毒剂、杀虫剂同时使用（图59）。

图59　微生态制剂发酵车间

（3）化学方法调控

①泼洒生石灰。在池塘养蟹中，生石灰有杀灭过剩浮游生物、降低水体肥度、调节pH、提高水体透明度等功能，还有补充河蟹生长发育需要的钙以及防病作用。一般每月施用1次，也可每2周施用

1次。每亩每米水深用10～15千克，化水全池泼洒（图60、图61）。

使用量：每亩每米水深10～15千克
频率：每2周或每月1次
方法：-化水全池均匀泼洒

图60　生石灰用量及施用频率

图61　泼洒生石灰

　　②泼洒天然沸石和麦饭石。天然沸石和麦饭石具有较高的分子孔隙度和良好的吸附性，定期向养殖水体中泼洒沸石粉或麦饭石可以去氨增氧，增加水中微量元素含量，从而起到优化养殖生态环境、促进水生动物生长的作用。

八 底质改良

1 基础改良

（1）**清淤** 一般每2～3年须利用冬季休养清淤1次，清除过多淤泥，留淤3～5厘米厚即可（用于栽培水草）。一般采用挖掘机清淤、整理蟹沟，多余淤泥用作护埂（图62、图63）。

图62 蟹池平整

（2）**彻底消毒** 每年干塘季节每亩使用150千克以上生石灰，化水趁热全池泼洒，以改善底质。或用漂白粉兑水全池泼洒清塘，老塘口75～100千克/亩，新塘口50千克/亩，10天后排干池水晒塘。

（3）**晒塘** 清淤整理后的池塘，利用冬季养殖空闲期让底层土壤休养生息，有条件的适当翻耕表层土壤，充分冷冻、暴晒15～20天，使底质疏松，其中的有机物分解转化成浮游生物能直接利用的无机盐（图63）。

图63 冬季休养生息

实用小贴士

一般经2～3个养殖周期后，池底残留了大量剩余饲料、排泄物及其他有机物，形成很厚的淤泥层，易滋生大量病菌，还易腐败产生亚硝酸盐、硫化氢、氨气等有害物质。河蟹营底栖生活，池塘底部环境的恶化和底质污染是河蟹发病的主要原因之一，因此应特别注意池塘底质环境的改良。

2 日常改底

河蟹养殖期间应尽量减少剩余残饵沉底，保持池塘底质干净清洁，如有条件可定期使用底质改良剂（如投放过氧化钙、沸石等，也可投放光合细菌等），一般7～10天改底1次，具体使用量可参照产品使用说明书。养殖池塘也可在晴天采取机械法搅动池塘底质，每2周1次，以充分促进池塘底泥有机物氧化分解（图64）。

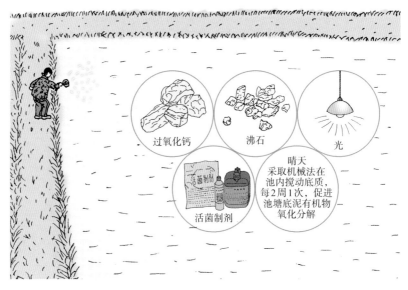

图64　底质调控

（1）培养好基础饵料生物　降解养殖中残留的排泄物、残饵等有机物需要消耗大量溶解氧。浮游植物光合作用产生的氧气是池塘中氧气的主要来源，大气扩散作用进入池塘的氧气较少。因此，在苗种放养前的早春季节，重视培水培养基础饵料生物，保持良好水色和透明度是稳定蟹池生态环境的核心，也是改良底质的有效方法之一。

（2）使用有益微生物制剂　使用有益微生物制剂对改良池塘底质具有明显效果，生产中使用的有益细菌包括乳酸菌、双歧杆菌、芽孢杆菌、酵母菌、硝化细菌、反硝化细菌和光合细菌等。

（3）吸污排污　为了方便吸污，有条件的在建河蟹养殖池塘时有意识地将排水口附近的池底建成锅形，开增氧机后，污物都聚集在池底，方便吸污。

（4）化学类底改产品　主要有沸石粉、硫代硫酸钠、腐殖酸钠等，结合具体产品及使用说明，可有效改善池塘底部环境。

（5）增氧与增氧剂　勤开增氧机，应及时配合使用增氧剂，它对改良底质也有良好作用。增氧剂能快速沉降到底部，有效地释放出分子态的活性氧，提高水体含氧量，同时有一定的杀菌作用。

九 / 饲（饵）料管理

1 营养需求（表5）

表5　河蟹各生长发育阶段营养需求（%）

不同发育阶段	粗蛋白质	粗脂肪	粗纤维	粗灰分	水分	Ca	P
溞状幼体期	45	7～8	≤4	≤15	≤11	1.5～2.0	1.8～2.5
幼蟹期	42	6～7	≤5	≤16	≤11	1.5～2.0	1.8～2.5
养成前期	36	5～6	≤6	≤17	≤11	1.2～2.0	1.2～2.0
养成中期	28	3～4	≤7	≤17	≤11	1.2～2.0	1.0～1.8
养成后期	33	4～5	≤7	≤17	≤11	1.2～2.0	1.0～1.8

（1）蛋白质　蛋白质是河蟹必需的营养物质，从溞状幼体期至养成期要求总粗蛋白质含量为28%～45%，生产上为使氨基酸互补，尽可能搭配使用多种原料，如鱼粉、各种饼粕类、酵母、糠麸类等。

（2）脂类　脂类是河蟹生长发育过程中必需的能量物质，它提供河蟹生长发育所需的脂肪酸、胆固醇及磷脂等营养成分，还有助于河蟹对脂溶性维生素的吸收。

（3）粗纤维　粗纤维一般不能被河蟹直接利用，但却是必需的。适量的粗纤维可刺激河蟹消化酶的分泌，促进其消化道蠕动和对蛋白质等营养物质的消化吸收。

（4）**矿物质** 矿物质中钙、磷、镁等参与生物体内酸碱平衡，而钾、钠、氯等参与渗透压平衡，对河蟹等甲壳类动物的生命活动具有重要意义。

（5）**维生素** 维生素在河蟹生长、发育过程中不可缺少，但河蟹自身不能合成，必须从饲（饵）料中获取。维生素C参与几丁质的合成，促使甲壳正常硬化，提高蜕壳成活率和生长速度，并有助于提高河蟹的抗病能力。维生素D_3对促进钙磷在肠道中的吸收及在骨基中的沉积具有重要作用。维生素E对河蟹的生长率、成活率、蜕皮（壳）频率等有重要影响。

2 河蟹养殖可用饵料

（1）**天然饵料** 凡是自然界中河蟹喜食的各种生物，统称为天然饵料，主要有浮游植物、浮游动物、水生植物、底栖动物等（图65）。

①浮游植物。包括硅藻、金藻、甲藻、裸藻、绿藻等，是早期幼蟹和浮游动物的饵料。

②浮游动物。包括轮虫、枝角类、桡足类等，是早期幼蟹的适口饵料。

③水生植物。包括伊乐藻、苦草、轮叶黑藻、菹草、马来眼子菜、浮萍、水花生、金鱼藻等，是河蟹的天然饵料。

④底栖动物。水域中的螺、蚬、河蚌、水蚯蚓等是河蟹上等的天然动物性饵料。

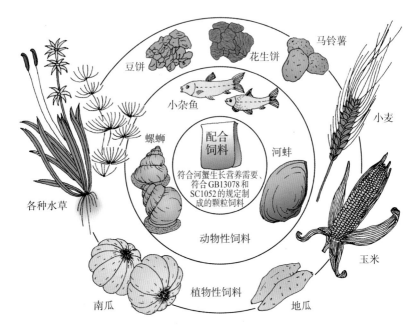

图65　河蟹适口饲（饵）料

（2）人工饲料　养殖河蟹一般仅靠水体天然饵料是不够的，必须投喂人工饲料，其主要包括青绿饲料、植物性饲料、动物性饲料、配合饲料等，来源于各种农副产品和人工培育的各种鲜活饵料。要想河蟹长得好、长得大，就需各种饲料搭配使用。

①植物性饲料。主要营养成分为淀粉，为河蟹提供活动所需的能量。常用的植物性饲料有玉米、小麦、黄豆、南瓜、马铃薯、米糠、豆饼、酒糟、花生饼等。

②动物性饲料。如小鱼、小虾、螺蛳、蚬、河蚌、蚕蛹、黄粉虫、蚯蚓、蝇蛆、畜禽内脏等以及高蛋白含量的配合饲料。

3 投喂方法

（1）投喂量计划

①年投料总量。根据放养蟹种数量、重量，以及所投饲（饵）料的种类、质量、饵料系数及目标计划产量制订，一般整个养殖期间每亩大概消耗颗粒饲料100千克，鲜鱼300千克或螺、蚬800～1 500千克，青绿饲料100～200千克。

②日投喂量。比较难以具体量化，结合前日吃食和天气情况酌定（图66，表6）。

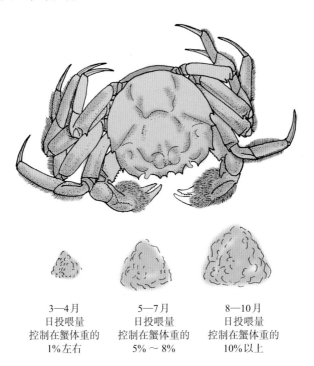

| 3—4月
日投喂量
控制在蟹体重的
1%左右 | 5—7月
日投喂量
控制在蟹体重的
5%～8% | 8—10月
日投喂量
控制在蟹体重的
10%以上 |

图66　各季节投喂量

表6 池塘养殖的投喂量计划参考（%）

月份	2	3	4	5	6	7	8	9	10	11
月投喂分配比例	1.6	3.2	8.5	9.6	12.5	16.2	16.8	18.6	8.8	4.2
日投喂量占蟹重	2	2.5	3	4.2	5.2	5.2	4.2	5.2	6.2	3.3

（2）饲（饵）料搭配原则

俗话说"7月、8月长壳，9月、10月长膘"，就是对不同季节河蟹生长特点最好的概括，相应的饲料调整也得跟上（图67）。

①搭配原则。无论是蟹种培育还是成蟹养殖，饲（饵）料投喂都应遵循"荤素搭配，两头精中间粗"的原则。

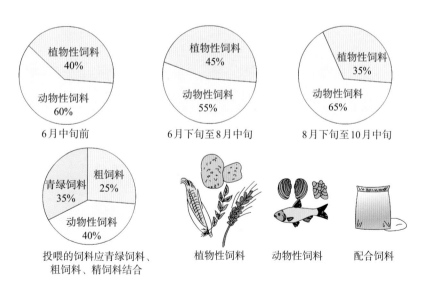

图67 池塘养殖成蟹的饲（饵）料搭配方法

②养殖前期。即3—6月，以投喂颗粒饲料和冰鲜鱼块、螺、蚬为主，同时河蟹可摄食池塘中自然生长的水草。

③养殖中期。即7—8月，正是高温天气，应减少动物性饲料投喂量，增加黄豆、玉米、南瓜等植物性饲料的投喂量，防止河蟹过早性成熟和消化道疾病的发生。

④养殖后期。即8月下旬至11月，以动物性饲料和颗粒饲料为主，满足河蟹后期育肥和性腺发育所需的营养，适当搭配少量植物性饲料。

4 投喂方法

根据河蟹活动方式、摄食时间及方式等特点，饲（饵）料的投喂要始终坚持"四定"原则，即"定时、定量、定点、定质"，具体还要根据天气、水质、河蟹的活动等情况随时调整饲（饵）料的投喂量。特别需要注意的是：夏季饲料及易受潮霉变，饲料一旦霉变千万不能投喂，河蟹摄食霉变饲料后易引发肠炎，抵抗力下降而引发疾病（图68）。

①定时。河蟹喜昼伏夜出，故一般选在16:00—17:00投喂饲料，驯养其吃食习惯，后逐渐改为6:00、16:00各投喂1次。河蟹的摄食强度也随季节、水温的变化而变化。

➡ 在春夏两季水温15℃以上时，其摄食能力增强，每天投喂1～2次。

➡ 水温15℃以下时，可隔日或数日投喂1次（图69）。

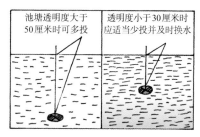

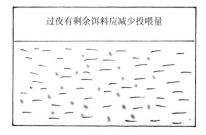

图68 投喂原则

投喂次数：不应少于2次，一般在6:00—7:00和16:00—17:00各投1次

图69 投喂的量与次数

②定点。一般每亩设5～8个投饵点或食台，使河蟹养成定点吃食的习惯（这样既可节省饲料，又可观察河蟹吃食、活动等情况）。上午投在水位较深的地方，傍晚投在水位较浅的地方，这样比较符合河蟹的活动规律。投饵点或食台应选在坡度较大、底质较硬的地方，面积约0.5米^2，沿边浅水区定点"一"字形摊放，每间隔20厘米左右设一投饵点。面积大的池塘，需全池按固定路线均匀泼洒（图70）。

食台可用一张芦苇席平铺，一端搭在池埂边，另一端用竹竿搭在池中；也可选择水花生等水生植物丛约2米^2，四周用草绳围住，剪掉水生植物丛上的枝头即可。

图70 全池均匀投喂

③定质。根据河蟹不同生长阶段的食性和营养需求，投喂相应的饲（饵）料，每一时期内，各种饲（饵）料搭配应相对固定。饵料要新鲜、适口、营养丰富，大块的和有壳的饵料要切碎。

为防止污染水体，最好少用如米糠、血粉、麦麸等粉状饲料，喂能够煮熟的大麦粒、黄豆、玉米等，喂的各种原粮要充分浸泡、煮熟，以利于河蟹消化吸收（图71、图72）。

④定量。渔谚说得好："一天不喂，三天不长。"尽管河蟹有耐饥本领，但如果经常饥饿失度，饿一顿饱一顿，则长得慢，养成规格小，直接影响经济效益。

一般投喂上午占日投喂量的30%，傍晚占70%，以上次河蟹吃食情况为参考，投喂以当晚吃完为度，具体的投喂量按照月投喂设计量灵活掌握。如幼蟹早期阶段一般每天每只幼蟹投喂3粒熟大麦粒/小麦粒，或1粒黄豆/颗粒饲料/玉米即可。

图71　定质均匀混拌饵料

图72 投喂饲料组成

实用小贴士

　　生产实践表明，以投喂优质颗粒饲料为主，适当投喂动物性饲料和植物性饲料养殖河蟹，饲料利用率高，蟹池水质宜控制，河蟹生长速度快、成活率高、规格大、口味佳，养殖成本低、效益高。

⑤ 每天巡塘调整投喂策略

　　每天投喂总体参照"四定"原则，具体做到"四看"，即"看季节、看天气、看水质、看蟹的活动情况"做相应优化（图73）。

看水质判断	
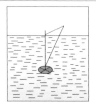 透明度小于30厘米时，说明池水过浓，当水质肥、浮游植物数量多时，应及时加注新水，减少投饵 出现"老水"时，应停止喂食并立即换水	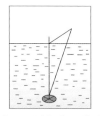 透明度大于50厘米时，可加大投饵量 "死水"情况出现时，应停止喂食，并及时换水
看天气判断	
	天气晴朗，可适当多投饲料 阴雨天，且气压低，天气闷热，有将要下雨的感觉时，应当少投饲料 有暴雨的天气，可不投饲料 雨后天晴，又可适当多投些饲料
看河蟹活动判断	
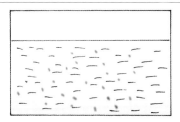 每天早晚巡查投饵点或食台（即投饵区），如果发现前一天傍晚投喂的饲料已吃完，河蟹活动正常，可适当增加投喂量 如果发现前一天傍晚投喂的饲料还没有吃完，应适当减少投喂量	 如果发现有病蟹或死蟹，除应调整投喂量外，还要及时采取防治措施 应在蜕壳前、后1～2天加大动物性饲料喂量，并在蜕壳期间适量少投

图73 日常观察与投喂判断

十 日常管理

1 常规事项

日常管理工作主要包括"六查、六勤"：即查河蟹活动是否正常，勤巡塘；查河蟹是否缺氧，勤做清洁卫生工作，改善水质；查蟹池内是否有敌害生物，勤清除敌害；查池内是否有软壳蟹，勤保护软壳蟹；查河蟹是否患病，勤防治蟹病；查蟹池的防逃设施，勤维修保养。具体注意以下6点：

（1）**早巡塘** 检查池中有无残饵，以便安排当天的投喂量，并捞出残饵，创造一个清洁的摄食环境。同时，观察、检测池水水质，决定是否需要换水或调水。

（2）**晚巡塘** 主要是观察河蟹的活动、吃食及生长情况，发现问题及时调整饲养管理措施。巡查过程中一定要保持蟹池环境的安静，不要过多地干扰河蟹的吃食、蜕壳过程。

（3）**值班看守** 秋天晚上要安排专人通宵值班，以免造成损失。

（4）**勤检查** 定期检查和加固防逃设施及进排水口（特别是在多雨季节），及时捕捉蟹池中的青蛙、水老鼠、水蛇等敌害生物。

（5）**检查水质** 早晨发现的残饵应及时清除，以防腐烂变质影响水质。如遇极端天气，要特别注意及时排水，以防雨水漫埂跑蟹。

（6）做好记录 每天记录塘口情况，包括河蟹蜕壳生长、摄食、病害、用药情况等（图74、图75）。

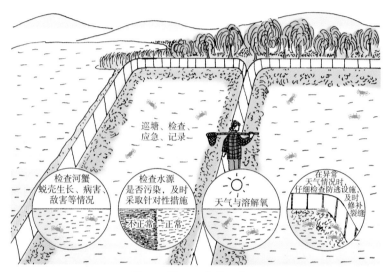

巡塘、检查、应急、记录

检查河蟹蜕壳生长、病害、敌害等情况

检查水源是否污染，及时采取针对性措施

不正常 正常

天气与溶解氧

在异常天气情况时，仔细检查防逃设施，及时修补裂缝

图74 塘口日常管理事项

记录

图75 勤巡塘、勤做记录

② 特殊期——蜕壳期管理

河蟹只有蜕壳才能长大，每一次蜕壳过程，对河蟹来说都是一次生存难关。特别是蜕壳后的1小时，是其生命过程中最脆弱的1小时，河蟹完全丧失抵御和回避不良环境的能力（图76）。池塘养殖中促进河蟹同步蜕壳和保护软壳蟹是提高河蟹成活率的关键技术之一。河蟹在蜕壳期间应注意以下几点：

（1）**投喂高质量的饲料**　蜕壳前适当增加动物性饲料的数量，使动物性饲料比例占投喂总量的1/2以上，保持饲料良好的诱食性并且量充足，以避免软壳蟹被捕食。

图76　河蟹蜕壳

（2）增加水中钙离子含量　发现个别河蟹已蜕壳时，可泼洒生石灰水，每亩用生石灰7.5～12.5千克，加水化浆后，全池泼洒。

（3）保持水位稳定　蜕壳期间，需保持水位稳定，一般不需换水。

（4）投饲区和蜕壳区必须严格分开　河蟹一般喜欢隐蔽在水草处蜕壳，注意避免在蜕壳区投放饲料。如果蜕壳区水生植物少，应增投水生植物，并保持安静。

（5）注意事项　池塘养蟹一般密度较高，应做好水质管理、疾病预防，以避免发生疾病，影响河蟹顺利蜕壳。

十一 病害防治

1 病因分析

河蟹病害发生与否，主要是由环境因素、病原体以及河蟹体质等因素决定的，三者是相互影响、相互制衡的关系（表7）。

表7 河蟹病因归类分析

环境因素	气象因素	高温、低温、阴雨、寡照等
	水体环境	水温、水质、底质
	管理因素	放养密度、饲养管理、机械损伤
	生物因素	病菌、敌害、虫害、藻类等
疾病因素	河蟹病毒性疾病	白斑综合征、河蟹颤抖病、蟹类疱疹病毒病等
	原核生物性疾病	肝胰腺坏死病、腹水病、黑鳃病、甲壳溃疡病、烂鳃病、螺原体病等
	寄生虫性疾病	固着类纤毛虫病、微孢子虫病
河蟹体质	种质因素	种质退化、抗病抗逆性差
	体质因素	易感水产动物和抗病力差的水产动物是疾病发生的必要条件

2 防控策略

河蟹作为冷血水生动物，发病是一个渐进过程，一般察觉时往往已经较严重。水生动物一般不易给药，治疗都是针对群体而无法针对个体的，所用药物对健康个体生长及环境均有不利影响。

因此，河蟹疾病防控遵循"预防为主、防重于治"的原则，坚持生态防病和生物防病，坚持生态调节与科学用药相结合，积极采取"清塘消毒，种植水草，自育蟹种，科学投饵，调节水质"等综合技术措施，预防和控制疾病的发生。河蟹养殖应全年采取"防、控、保"措施。

（1）"防"　用纤虫净200克/亩泼洒消毒1次，同时内服2%的中草药和1%的乙酰甲喹（痢菌净）制成的药饵，预防病害发生。

（2）"控"　梅雨期结束后，亩用1%的碘药剂200毫升兑水泼洒，并内服2%的中草药等药饵，预防病害。

（3）"保"　9月中旬以后，容易出现纤毛虫类病害，结合水体消毒和定期检查，及时发现虫、杀虫。同时，加强投喂，增强河蟹体质和抗病能力，确保河蟹顺利渡过最后增重育肥期。水体消毒用药按药物的休药期规定执行，保证河蟹健康上市。

实用小贴士

有条件的应定期使用免疫多糖、中草药、维生素C、离子钙等拌料投喂，可起到提高河蟹免疫力、促进肠道健康、保护肝胰、抗应激、增加钙质、增强体质的作用。遇到暴雨、降温、台风等天气，全池泼洒维生素C防应激。蜕壳期间每3～5天全池泼洒离子钙1次，直至蜕壳结束。

---

3 常见病害防治

坚持"以防为主、防重于治"的原则。

1. 水肿病

（1）**症状** 后肠与鳃先后出现水肿，河蟹腹部和胸部肿胀，呈透明状，病蟹不能爬行，匍匐在池边的浅水处死亡，壳颜色无变化（图77）。

（2）**防治** 细菌性水肿防治：①连续换水2次，先排后灌，每次换水量1/3～1/2。②每立方米水体用漂白粉1～2克，或生石灰15～20克，全池泼洒。

毛霉病引起的水肿症状：属鳃部感染，腹部向内凹陷，胸甲下方与腹部交接处肿胀而不透明。病蟹白天上岸不下水，胸甲的鳃区颜色为灰白色，行动缓慢，死于岸上。

毛霉病水肿防治：①连续换水2次。②每立方米水体用漂白粉2克，或福尔马林10克，或生石灰20～25克，全池泼洒。

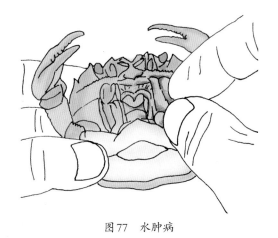

图77 水肿病

2. 蟹奴病

（1）**症状** 蟹奴的幼虫钻入河蟹腹部刚毛的基部，生长出根状物，遍布蟹体外表，并蔓延到河蟹内部的一些器官。患病蟹雌雄难辨，腹部脐略显臃肿，揭开脐盖，可看到长 2～5 毫米、厚约 1 毫米的乳白色或半透明颗粒状虫体。被蟹奴大量寄生的河蟹，肉味恶臭，不能食用，俗称"臭虫蟹"（图 78）。

（2）防治 ①用漂白粉可杀灭池内蟹奴幼虫。②在蟹池内混养一定数量的鲤，利用鲤吞食蟹奴幼虫，抑制幼虫数量。③对有发病预兆的池塘，应更换池水。④如发现已有蟹奴寄生的河蟹时，立即将病蟹捞出，并全池泼洒浓度为0.7毫克/千克的硫酸铜和硫酸亚铁合剂（比例为5∶2），能抑制蟹奴病的发展。⑤用浓度为8毫克/千克的硫酸铜，或浓度为20毫克/千克的高锰酸钾溶液浸洗病蟹10～20分钟。

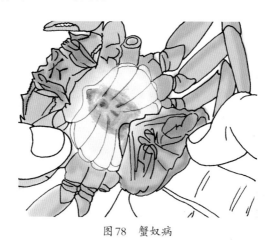

图 78　蟹奴病

3. 腐壳病

（1）症状 病蟹步足尖端破损，呈现黑色溃疡并腐烂，步足各节及背甲、胸板出现白色斑点，斑点的中部凹下，呈微红色并逐渐变成黑色溃疡，甲壳被侵袭成洞，可见肌肉或皮膜，最终导致病蟹死亡，溃疡部经常被细菌或真菌感染引起其他疾病（图79）。

（2）**防治**　①彻底清塘，用生石灰15～20毫克/千克全池泼洒。②防止蟹体受伤。③保持水质的清新。④放苗时，苗种要用药物消毒。⑤用漂白粉2毫克/千克全池遍洒。

图79　腐壳病

4.颤抖病

（1）**症状**　病蟹初期行动迟缓，摄食量下降，随着病情的发展，步足不能回伸，全身间歇性颤抖，离水后全身缩成一团，不能运动，几天后死亡。此病主要危害2龄幼蟹及成蟹，传染途径多，发生面广、传播快、病程短、发病时间长、并发症多、死亡率高，是近年来河蟹养殖中危害严重的疾病之一（图80）。

（2）**防治**　目前尚无很好的治疗方法，仅能通过一定的措施来预防该病的发生：①彻底清塘，清除该种病病原体的中间宿主；②多种些水草，改善环境，保持良好的水质；③投喂新鲜、洁净、营养全面的饲料，增强河蟹体质，提高河蟹抗应激和抗病能力。

图80　颤抖病

5. 黑鳃病

（1）症状　病蟹鳃丝受感染而变色，轻时左右鳃丝部分呈暗灰色或黑色，重时鳃丝全部变成黑色。病蟹行动迟缓，呼吸困难。该病多发生在成蟹养殖的后期（图81）。

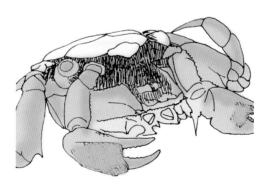

图81　黑鳃病

（2）**防治** ①常清除残饵，及时更换池水，保持水质稳定、清新；②生石灰全池泼洒消毒，连用2～3次。

6. 水霉病

（1）**症状** 患部生有棉絮状菌丝。病蟹行动迟缓，摄食量减少（图82）。

（2）**防治** ①在捕捞、运输、放养等操作过程中，尽量避免蟹体受伤；②用0.3%～0.5%的食盐水浸泡病蟹5分钟，并用5%碘酒涂抹患处。

图82　水霉病

7. 肝胰腺坏死症

（1）**症状** 2015年开始，全国多个河蟹养殖主产区陆续发生严重病害，造成严重的经济损失，由于患病河蟹表现为肝胰腺坏死、逐渐发白，行动迟缓，摄食差，逐渐批量死亡，因此称为"肝胰腺坏死症"。除剥开外壳，肉眼通过肝胰腺颜色和形状判别外，还可通过分子手段辅助识别。在患病河蟹肝胰腺的上皮细胞内观察到由微孢子虫感染引起的棕色至黑色沉淀，即为原位杂交的阳性信号。图83中分别示正常河蟹和患病河蟹的肝胰腺。

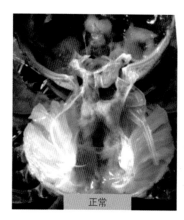

正常　　　　　　　　　　患病

图83　正常与患病河蟹肝胰腺对比

（2）**防治**　河蟹肝胰腺坏死症是新发病，目前尚未有特效药，广大渔民普遍使用溴氯海因、二溴海因、二氧化氯等消毒杀菌药防治。生产实践表明，适当提高饲料中营养蛋白、提高水质和水流流动性、少用各类外源性药物有助于减少河蟹肝胰腺坏死症发生。

8. 腹水病

（1）**症状**　病蟹主要症状为腹腔内出现大量腹水。细菌分离结果显示其病原菌为拟态弧菌和嗜水气单胞菌。目前，河蟹腹水病的诊断主要依靠外观肉眼判断，也可以采用细菌分离鉴定的方法进行确诊（图84）。

图84 河蟹腹水病

（2）**防治** 第一，先杀虫，如河蟹体表有固着类纤毛虫寄生，必须先杀虫。否则，固着类纤毛虫寄生后，损伤鳃组织及蟹壳，这就为细菌不断入侵打开了门户，将严重影响治疗效果。第二，外用消毒药及内服药饲相结合，将蟹体内外及水体中的病原菌同时杀灭。外用消毒药可以任选一种，最好是选用无残留、无公害的二氧化氯等。第三，在停药后2天，全池泼洒生石灰，将池水调成弱碱性，并进一步加强饲养管理，使河蟹尽快康复、健康成长。

9.甲壳溃疡病

（1）**症状** 病蟹腹部及附肢腐烂，肛门红肿，甲壳被侵蚀出现洞，可见肌肉，摄食量下降，最终无法蜕壳而死亡。从病灶处分离到的细菌有弧菌、假单胞菌和黄杆菌等革兰氏阴性杆菌。病蟹的甲壳上具数目不定的黑褐色溃疡性斑点，在蟹的腹面较为常见，溃疡一般达不到壳下组织，在蟹蜕壳后即可消失，但可继发感染其他细菌病或真菌病，引起病蟹死亡。一般通过肉眼可诊断（图85）。

图85 河蟹溃疡病

（2）防治

①放养前蟹种要轻拿轻放，防止机械损伤，并用菌毒清（主要成分为乳酸恩诺沙星）浸泡5～10分钟，然后放养。

②在饲养过程中，高温季节前后要全池泼洒二溴海因或溴氯海因防病。

③根据饲料投喂状况，决定是否需要在饲料中添加蜕壳素及蟹用多维，以促进河蟹健康生长。

10. 蜕壳不遂

（1）症状 病蟹头胸甲后缘与腹部交界处或侧线出现裂口，但不能蜕去旧壳或蜕出几只附肢而头胸甲不能蜕出；有的即使蜕出旧壳，但新壳长时间无法变硬而导致死亡。引起蜕壳不遂的原因较多，纤毛虫寄生、鳃部疾病、水质变化都可以在河蟹蜕壳期引起蜕壳不遂。一般通过肉眼可识别诊断该病（图86）。

图86　河蟹蜕壳不遂

（2）**防治**

①检查河蟹是否患其他疾病，对症施药，进行治疗。

②每立方米水体用生石灰20克化水全池泼洒，5天1次，连用3～4次。

③在饲料中添加适量的贝壳粉和蜕壳素，并增加动物性饲料投喂量。

11. 纤毛虫病

（1）**症状**　危害河蟹的纤毛虫种类较多，常见的有聚缩虫、单缩虫、阿脑虫、瓶体虫、苔藓虫和薮枝虫，以及累枝虫、钟形虫，还有附在鳃部的间腺虫和腹管虫等。固着类纤毛虫虽不直接摄取河蟹的营养，与其共生，但可对河蟹造成直接和间接危害。

被固着类纤毛虫感染的河蟹，体表、鳃、卵表面有棉绒状附着物，当虫体侵入鳃部时，可使鳃变黑，内部鳃组织坏死，甚至造成鳃丝腐烂，阻碍鳃的呼吸与分泌功能。被其感染后，河蟹的正常活动会受到影响，摄食量减少，呼吸受阻，蜕皮困难。养殖池中有机质含量高、过肥，且长期不换水，是导致该病发生的主要原因。该病可危害虾蟹的幼体或成体，但对繁殖季节的成体和幼体危害更为严重。该类纤毛虫一旦随水进入育苗池，就会很快在池中繁殖，造成河蟹幼体大量死亡。一般河蟹外观见有绒毛状者，可以初步判断为此病。确诊必须从病灶处刮取一些附着物做成水浸片，在显微镜下看到树枝状倒钟形虫体，才能确定为此病（图87）。

图87　河蟹纤毛虫病（左图为病原）

（2）防治　蟹种放养前，用生石灰或茶籽饼彻底清塘，用量为0.8～1.2克/米^3，全池泼洒。生长季节，经常向池中加注新水。在4—5月、10月高发季节用高效底质改良剂保持水质清新。

十二 捕捞收获

1 捕捞

（1）**地笼捕捞**　地笼是捕捞河蟹的主要工具，利用河蟹贴底爬行的习性，用地笼在全池拦截通道，迫使河蟹进入地笼的倒袖，汇集于囊袋中，捕捞率高。地笼沉在水底，底网紧贴池底，形似长箱形，截面近方形，高和宽为40～60厘米，用圆铁做框架，用聚乙烯网片包裹在框架上，两端可长距离延伸，"地笼"由此而得名。网的下纲装有石笼，嵌入泥底，以防河蟹从网下钻逃。

（2）**徒手捕捉**　面积较小的蟹池可利用河蟹生殖洄游傍晚上岸的习性，徒手捕捉。方法是头戴电瓶灯，一手提盛蟹器具（桶或袋），一手戴手套在池塘堤坡上捉蟹。

（3）**流水捕捞法**　成蟹开始生殖洄游后，绝大多数河蟹离开洞穴，白天大部分在水中活动，并且有抢争水口、顶流而上的习性，只要在池塘缓慢放水，在出水口处捕捉即可。

（4）**灯光诱捕**　抽出部分池水，留30～40厘米，晚上河蟹便会上岸，只要在池塘的四角亮灯，便能集中捕捞（图88、图89）。

2 暂养

暂养的意义："秋风起，蟹脚痒"，每年9月上旬至11月下旬（水温为15℃时），为河蟹的捕捞旺季，将性成熟的河蟹捕捞后进

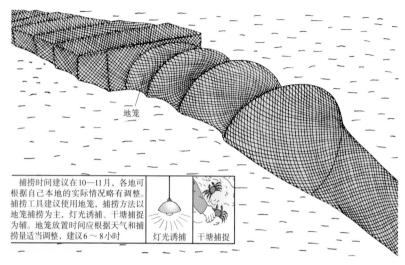

地笼

捕捞时间建议在10—11月，各地可根据自己本地的实际情况略有调整。捕捞工具建议使用地笼，捕捞方法以地笼捕捞为主，灯光诱捕、干塘捕捉为辅。地笼放置时间应根据天气和捕捞量适当调整，建议6～8小时

灯光诱捕　　干塘捕捉

图88　捕捞销售

图89　地笼捕捞

行短时间暂养育肥待售的过程称为暂养。特别是湖泊围网养殖，10月开始水温逐渐下降，此时需及时捕捞围网区内的成蟹进行短期暂养，根据市场行情，适时高价销售，获得较好的经济效益（图90）。

捕捞后的河蟹应放在水质清新的大塘中设置的上有盖网的防逃网箱内，须经2天以上的网箱暂养。暂养区可用潜水泵抽水循环，以加速水的流动，增加溶解氧

网箱

图90　成蟹暂养

河蟹销售市场要到中秋、国庆才逐渐趋旺，元旦、春节达到顶峰。就价格而言，与10—12月相比，元旦、春节同样上市规格的河蟹（100克/只以上）增加1倍以上，每千克可增加40元至百元以上不等。

搞好成蟹暂养，要坚持以下三项原则：

就地暂养：根据成蟹的数量、运输远近，统筹考虑，建相应的设施，就地进行暂养。

正确的方法：根据成蟹的暂养数量、暂养要求、暂养时间长短选择适宜的暂养工具、暂养水域，实行科学暂养，以提高河蟹暂养成活率。

分类暂养：有条件的养殖户可按照市场不同消费对象的要求，分规格、分雌雄、分河蟹软硬壳进行暂养；无条件的养殖户至少做到软壳与硬壳河蟹分开进行暂养（图91）。

图91　规模化暂养

3 囤养

低价收购成蟹留待市场紧缺时再进行集中销售，需要囤养。囤养时间长短不一，须选择土池或集中连片网箱进行囤养与管理。按照市场不同消费对象的要求，对起捕或收购的成蟹进行严格挑选，分规格称重过数，分别进行暂养（图92、图93）。

图92 冬季规模化囤养

图93 规模化囤养网箱布局

4 包装

（1）**包装工具** 一般按规格大小将河蟹雌雄分开，蟹腹部朝下整齐排列，放入聚乙烯网袋，打上标签后将袋口扎紧，防止河蟹在袋内爬动，即可装车运输。如长途运输，须装袋后再放入泡沫箱或蒲包、筐内，气温高时要在泡沫箱中放入冰块，降温、保温，注意避免网袋之间的挤、压，引起机械损伤（图94）。

图94　网袋批量分规格打包

（2）标签标识　标明产品名称、等级、规格、雌雄、净含量、生产者名称和地址、包装日期、批号、产品标准号。

5 运输

在低温清洁的环境中装运，保证河蟹鲜活。运输工具在装货前应清洗、消毒，做到洁净、无毒、无异味。运输过程中，防温度剧变、防挤压、防剧烈震动，不得与有害物质混运，严防运输污染。运输过程中如需要暂养、储存，暂养用水应符合《无公害食品　淡水养殖用水水质》（NY 5051—2001）的规定（图95）。

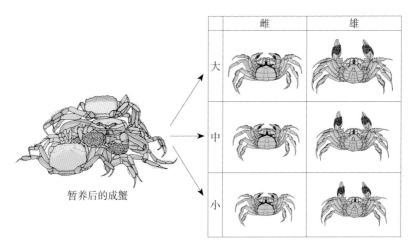

暂养后的成蟹按不同规格、不同性别进行分袋包装

暂养后的成蟹

图95 成蟹分类包装

十三 养殖策略

实用小贴士

　　传统的河蟹单养模式面临"集中批量上市卖蟹难""可销售时间短""增收不增效"的难题，为提高蟹池生态养殖综合效益，须探索新的养殖模式策略，寻找其他能与河蟹混养/套养的品种，利用不同种群的生态位进行合理搭配，提高养殖综合产出。

❶ 套混养原则

　　（1）避免竞争性品种　遵循和运用生物学准则，不宜选择与河蟹食性相近或相同的品种，如草食性的草鱼、团头鲂，摄食螺蛳等底栖生物的鲤和青鱼等均不宜套养。

　　（2）选择环境友好型品种　选择套养的品种，既能充分利用水体的生物循环，又能保持生态系统的动态平衡，如套养滤食性鱼类（鲢、鳙等）、腐屑食物链鱼类（细鳞斜颌鲴），可防止水质过肥、清除池中青苔和有机碎屑，但套养数量不宜多。

　　（3）选择高经济价值品种　遵循经济性原则，选择与河蟹食性相同或相似并且经济价值高的品种，如选择套养小龙虾、青虾或小型肉食性的鳜、黄颡鱼、塘鳢等（图96）。

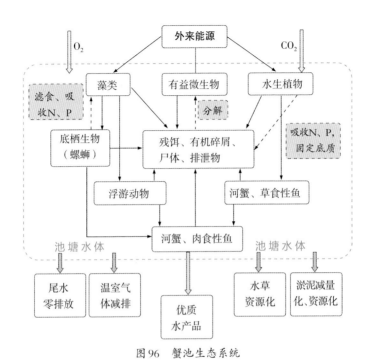

图96 蟹池生态系统

2 主要套混养品种（图97）

（1）虾类

①青虾。俗称河虾，食性广，属杂食性水生动物。蟹池套养青虾与主养对象没有矛盾，其苗种容易获得，繁殖力强，自繁的幼虾是河蟹的活饵料。蟹池产出的青虾一般品相较好，售价可达60～150元/千克，套养经济效益可观。

②小龙虾。小龙虾与河蟹食性、习性相近，但其生长速度较快，春季繁殖的虾苗，经2～3个月的饲养，就可达到商品虾规格。小龙虾与河蟹上市时间不同，套混养比例主要依据市场价格确定。

河蟹养殖过程中可以适当套养鲢、鳙、翘嘴红鲌、花鲺、鳜、细鳞斜颌鲴、青虾等，提高蟹池综合生产能力。例如，4月底至5月初，亩放体长10厘米的翘嘴红鲌鱼种20尾；或5月底6月初，亩放体长5厘米以上的鳜鱼种20尾；或2—3月亩套养1千克左右黄颡鱼鱼种；或2—3月，亩放养大规格异育银鲫鱼种5千克左右；或6—7月，亩套养鲢、鳙夏花500尾

图97　套养技术

③南美白对虾。南美白对虾食性杂，偏动物性，饲料粗蛋白质含量25% ～ 30%即可，最适生长温度为22 ～ 32℃，18℃以下摄食量明显下降，15℃以下停止摄食，9℃以下出现死亡。套养时注意入秋前捕捞上市。

④罗氏沼虾。罗氏沼虾食性与河蟹类似，但生长速度快，6月放苗、8月捕捞。成虾性凶猛，一般根据市场行情在河蟹最后一次蜕壳前捕捞上市，避免造成河蟹批量损耗。

（2）肉食性鱼类

①鳜。鳜为典型的肉食性鱼类，摄食活饵料，可控制蟹池内的小杂鱼。蟹池套养鳜要求鱼种规格达到6厘米以上，最好是7 ～ 10厘米，在6月上旬前套入蟹池，一般亩放10 ～ 20尾，年底鳜达商品规格，亩均效益可增加300元以上。

②黄颡鱼。黄颡鱼食性杂，偏肉食性，食物包括小鱼、小虾、各种陆生和水生昆虫、小型软体动物以及其他水生无脊椎动物。蟹池套养黄颡鱼一般在2—3月投放苗种，亩放8厘米左右的鱼种250～300尾，粗养蟹池也可套放黄颡鱼亲本，让其自然繁殖鱼苗。

③塘鳢。小型肉食性鱼类，喜食小鱼、小虾、幼螺等。蟹池套养塘鳢宜选规格3厘米以上的鱼种，亩放200尾左右。也可在蟹池水草保护区每亩投放体型匀称、体质健壮、鳞片完整的塘鳢亲本10组（雌雄比为1∶3），雄性亲本尾重70克、雌性亲本尾重50克以上，繁殖季节在水草中放入人工鱼巢，让其自然繁殖鱼苗。

④翘嘴红鲌。以麦穗鱼、梅鲚、鲻、罗汉鱼等小型鱼类为主要饵料。蟹池套养翘嘴红鲌，要求鱼种规格达到10厘米以上，蟹种放养后即套入蟹池，亩放养量控制在30尾左右，当年可养成0.5千克/尾的商品鱼，如能补充投喂鱼块或冰鲜小杂鱼，放养量可适当增加。

（3）其他鱼类

①鲢、鳙。鲢，又名白鲢，属于典型滤食性鱼类，以浮游生物为食，在鱼苗阶段主要吃浮游动物，长至1.5厘米以上时逐渐转为吃浮游植物；鳙，又名花鲢，食物以浮游动物为主。鲢、鳙都具有生长快、疾病少、在蟹池中套养不需要专门投喂饲料的优点，且对改善池塘水质、调节浮游动植物有重要作用（图98、图99）。

图98 鳙（花鲢）　　　　　图99 鲢（白鲢）

②细鳞斜颌鲴。细鳞斜颌鲴的幼鱼主要摄食轮虫，成鱼阶段以水底着生藻类、植物碎屑和腐殖质为主要食物。蟹池套养细鳞斜颌鲴可控制青苔（丝状藻类）和蓝藻、绿藻暴发，一般亩放10～15厘米的鱼种100～200尾，捕大留小，当年养成。

③鲴。鲴为杂食性鱼类，以底栖硅藻和有机碎屑为主要食物，也兼食一些小型水生动物。蟹池套养每亩放养3～5厘米的鱼苗100～200尾，当年可长到400～500克/尾。

④匙吻鲟。匙吻鲟食性类似鳙，主要食物是水中浮游动物，其也能摄食丝蚯蚓和人工配合饲料。匙吻鲟生长速度比一般的淡水鱼快，当年可长至0.5千克以上，2龄鱼超过1.5千克，3龄鱼超过2.5千克。

⑤异育银鲫。异育银鲫食性广，能摄食蟹池中的硅藻、枝角类、底栖动物、植物茎叶和种子及有机碎屑等，在蟹池中套养可自然繁殖，鱼苗作为鳜的饵料鱼，其余部分长成商品鲫规格，不额外投喂饵料。

3 主流混、套养模式介绍

放养品种、时间、规格及数量参考表8，建议因地制宜探索多品种混套搭配组合。

表8　混（套）养品种放养与目标产量

放养				收获		备注
品种	时间	规格	亩放养量	规格	重量	
青虾	2月	2～3厘米/尾	5千克	5～6厘米/尾	30千克	
	6月	0.7～1厘米/尾	6万尾			
小龙虾	9月	30尾/千克（亲本）	10～15千克	20～40尾/千克	150千克	雌：雄为1.5：1
	3月	200～400尾/千克	15～20千克			
南美白对虾	6月	1.0～1.2厘米/尾	2万～3万尾	15克/尾	150千克	
罗氏沼虾	6月	1.0～1.2厘米/尾	2万～4万尾	20克/尾	200千克	
鳜	6月	3～9厘米/尾（夏花）	15～20尾	550克/尾	10千克	
黄颡鱼	3月	8～12厘米/尾	300尾	100克/尾	25千克	
塘鳢	5月	3厘米/尾（夏花）	300尾	50克/尾	15千克	
翘嘴红鲌	3月	10～13厘米	80～100尾	500克/尾	50千克	
黄鳝	3月	100克/尾	1千克/米^2	250克/尾		网箱养殖
细鳞斜颌鲴	3月	12厘米/尾	200尾	300克/尾	50千克	
鲴	3月	3～5厘米/尾	100～200尾	400～500克/尾		

（续）

品种	放养			收获		备注
	时间	规格	亩放养量	规格	重量	
泥鳅	4月	3～5厘米/尾	600尾	25～50克/尾	25千克	
匙吻鲟	3月	18厘米/尾	20～30尾	750克/尾	20千克	
异育银鲫	3月	12厘米/尾	100尾	300克/尾	30千克	
鲢	3月	150克/尾	5～10尾	2 500克/尾	30千克	
鳙	3月	250克/尾	15～20尾	1 500克/尾		

十四 装备技术

1 水质智能在线监测装备

对蟹池溶解氧信息、水质信息进行实时监测，手机、电脑端可随时查看塘口水质信息，并可远程控制打开增氧机、投饵机等设备。同时，可设定溶解氧阈值，溶解氧低于该值可实现系统自动增氧，从而高效管理蟹池水体环境，降低养殖成本和风险（图100）。

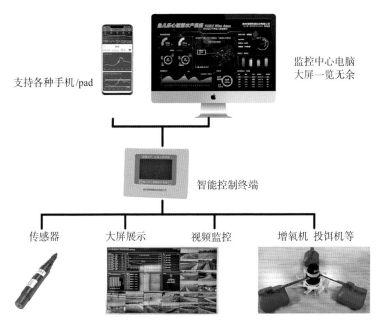

支持各种手机/pad

监控中心电脑
大屏一览无余

智能控制终端

传感器　　大屏展示　　视频监控　　增氧机 投饵机等

图100　溶解氧监测与智能控制

② 智能投饲装备

精准投饵的需求 目前，河蟹养殖主要采用白天人工撑船投饵喂料的作业方式，存在饵料利用率低，投饵作业效率低，劳动强度大，饵料抛撒随意性大，分布一致性和均匀性差的问题，容易导致部分河蟹长期处于饱一顿饥一顿的状态，不利于大规格河蟹高产、稳产，是河蟹养殖产量与效益进一步提升的瓶颈。因此，引进智能投饲设备尤为重要（图101）。

图101　某智能无人投饵船

注：主要功能为投饵，兼具撒药、巡塘、监测等功能，不仅大幅度降低了人力成本，而且部分机型可支持湿料、冰鲜料均匀投喂

③ 管护装备

（1）**水草维护的需求——水草疏割机** 水草为养蟹必备，具有净化水质、提供饵料的功能。河蟹养殖池塘如水草长势过快，

覆盖率过高,管护不到位时,容易导致水草腐烂、败坏水质,进而影响河蟹生长。因此,适时割除多余的水草成为河蟹养殖过程中重要的日常管理工作。传统割草方式需2人在水下配合作业,耗费人工的同时,还有机械损伤河蟹的可能,同时容易使水体混浊、透明度下降,因此使用水草疏割机十分必要(图102)。

图 102　水草疏割机

注:水草疏割机是一种浮床式作业机具,通过连续输送带对水草进行自动疏割、收集处理,满载后将水草输送至塘埂,对改变传统手工作业方式、降低劳动强度、提高生产效率意义重大

(2)水质调控的需求——自动喷洒装置　蟹池生态环境是决定河蟹品质、规格、产量的重要因素,水色、水质、透明度等环境因子可通过人工泼浇小球藻、EM菌、光合细菌、芽孢杆菌等有益微生物制剂进行调节,避免水体环境恶化导致河蟹发生病害。传统

养殖模式中，养殖户经常采用简陋器具进行人工泼浇，泼浇距离较短，覆盖面较窄，劳动强度大，工作效率低，且泼浇不均匀。根据塘口面积，目前主要采用两种自动喷洒装置，可以大幅提升微生物制剂载荷量，实现池塘定量均匀喷洒。

①四轮手推式自动喷洒装置。

a.适用范围和应用条件。适用于5亩以下的河蟹养殖池塘，需要人工沿池塘岸基呈扇形交替喷洒。

b.主要结构。主要由液缸、动力装置、输送装置、喷洒管道等部分构成。主要参数为：液缸容积200～300升，功率1.5～2.2千瓦，转速1 400转/分，射程10～20米，喷洒效率25亩/时（图103）。

图103　四轮手推式自动喷洒装置

②无人机喷洒装置。

a.适用范围和应用条件。适用于规模连片养殖池塘，有效喷幅

7米以上，每小时可作业150～200亩。

b.主要功能。整体采用防尘防水设计，底部可更换多种外接设备，支持雾状、粉剂、颗粒状等类型药物的喷洒。

主要由液缸、动力装置、输送装置、喷洒管道等部分构成。主要参数为：液缸容积200～300升，功率1.5～2.2千瓦，转速1 400转/分，射程10～20米，喷洒效率25亩/时。

4 微孔管道增氧

微孔管道增氧能有效提高养殖池的利用面积，增加养殖密度和放养量，提高养殖品质、规格、产量，经济效益高。微孔管道设施，气泵功率根据需要选择，但以每亩配套功率0.22千瓦以上为原则；外加内径75毫米的主供气管和内径12毫米的微孔管。

安装方法：一般将主供气管架设在池塘中间，高出池水30～50厘米，主供气管两侧每间隔8～10米水平设置一条微孔管，从主供气管上延伸至距离池边1米处，用竹桩或其他物品将微孔管固定在离池底10～15厘米处。

工作原理：利用空气压缩机或鼓风机将空气加压后通过水底安装的微孔管，排出微小气泡，在气泡上升过程中，一部分氧气溶入了水中，并促进水体运动，实现水体有效快速增氧。具体见图104至图106。

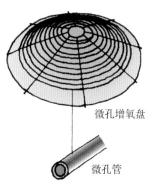

微孔增氧盘

微孔管

图104　底层微孔增氧设施

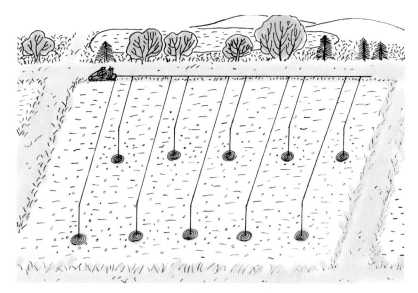

图105　弥散式（点式）微孔管道增氧

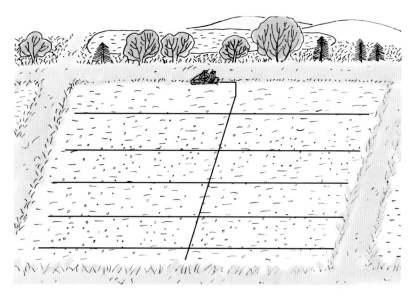

图106　分布式（条式）微孔管道增氧